Eiko Weigand

Die Sprache der Hunde

Ein humorvoller Ratgeber
zum Thema Hund

1. Auflage 2014
Verlag Weigand-Bücher
© Eiko Weigand
Kontakt: info@weigand-buecher.de
Alle Rechte vorbehalten
ISBN 978-3-945258-00-2

WB

INHALT

Vorwort

Versprochen ist versprochen!

Es hat zwar länger gedauert als geplant, aber das tut es ja meistens. Hier also ist der Folgeband von „Hunde lieben starke Chefs".

Ich hatte ja im Nachwort erwähnten Buches versprochen, ein weiteres folgen zu lassen angesichts der Tatsache, dass das Thema Hund wohl doch zu umfangreich ist, um es auf 80 Seiten vollständig abzuhandeln.

Ob das in diesem, vorliegenden Band gelingt? Es ist sehr zu bezweifeln, dass ich das Thema wirklich zu einem Abschluss bringe. Das wäre ja auch noch schöner. Immerhin tummelt sich eine erstaunlich große Zahl von Hundefreunden, -experten, -trainern und sonstigen mehr oder weniger Prominenten und Berufenen auf diesem Feld und will das weiter tun. Ich natürlich auch.

In diesem Buch geht es nun hauptsächlich um einen Punkt: die Kommunikation. Oder anders: Wie verstehe ich meinen Hund und wie versteht er mich - und das nach Möglichkeit nicht falsch.

Es wird die Vielzahl der Möglichkeiten beschrieben, wie man sich als Hund verständlich macht, leider aber nicht immer verstanden wird. So hilft die Lektüre vielleicht dem einen oder anderen, seinen Hund ein bisschen besser zu verstehen. Was Ihnen dabei auffallen wird, das Buch handelt nicht nur davon, Hunde und ihre Eigenheiten zu begreifen. Nicht zuletzt geht es darum, sich seiner selbst und seiner Verhaltensweisen bewusst zu sein oder zu werden und zu begreifen, wie man als Mensch so funktioniert (unter uns, Menschen sind oft etwas merkwürdig).

Und es geht natürlich auch darum, wie Sie Ihrerseits Ihrem Hund Ihre berechtigten Anliegen näher bringen können.

Im Verhältnis Hund - Mensch ist es Aufgabe des Menschen, sich die entsprechenden Gedanken zu machen, welche Mittel und Wege die geeigneten sind, eine harmonische Beziehung zu erreichen - oder anders gesagt - astrein auszukommen. Man kann von einem Hund zu Recht erwarten, dass er schneller läuft, besser hören und riechen kann als Herrchen und Frauchen - wir Menschen sollten das mit dem Denken besser hinkriegen. Also, los geht´s - ich wünsche gute Unterhaltung!

Die Sprache der Hunde

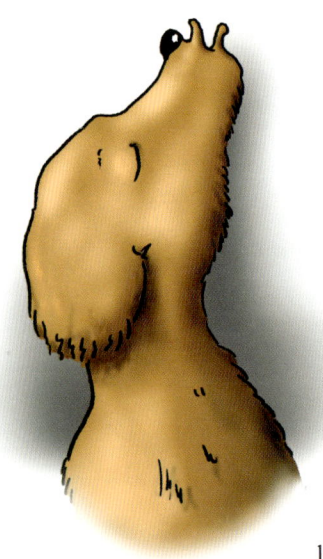

Wau? ...

Wau, wau, wuff!

Wau, wau wauwauwau?!?

Winsel ... A-uuh-huuhu (soll sich wie Wolfsheulen anhören). So wird das nichts, die Sprache bzw. Laute eines Hundes kann der Mensch nur höchst unbefriedigend nachahmen. Zur Kontaktaufnahme mag es gehen, zur Gesprächsführung mit unserem liebsten Haustier aber fehlen uns die Mittel. Auf der anderen Seite sind Bemühungen, Hunden die menschliche Sprache näherzubringen bisher kläglich gescheitert - Hunde sind schon mit der Grammatik eines einfachen Satzes vollkommen überfordert.

Wer also die Sprache der Hunde verstehen und durch diese Kenntnis mit seinem Hund zu einem besseren Verständnis kommen will, muss wohl oder übel etwas weiter ausholen.

Vielleicht ist es Ihnen schon aufgefallen, Menschen reden gar nicht mal so wenig. Zumindest die meisten. Und das ist ja auch nicht weiter verwunderlich. Wenn man fragen würde, woraus menschliche Kommunikation besteht, fällt einem als Erstes wohl das Sprechen ein. Einige von uns reden unablässig, ohne nur auch das Geringste zu sagen. Das sagt

natürlich auch schon eine ganze Menge. Oft ist allerdings der Inhalt der gesammelten Mitteilungen eher zweitrangig. Wichtiger ist, in welchem Tonfall etwas gesagt wird, ob und wie man den Gesprächspartner ansieht und ob man seine Ausführungen mit Gesten und Mimik untermalt.

Ja, selbst die Gerüche, die man aussendet, wirken sich aus - bewusst bekommen meist weder Sie noch Ihr Gesprächspartner das mit. Und nicht zuletzt die Tatsache, dass Sie *überhaupt* mit Ihrem Gegenüber reden, haben ihre Bedeutung. Die Botschaft eines Gesprächs lautet also weniger: Das Wetter ist mal wieder - warum auch immer - unerträglich, oder: Haben Sie schon gehört, was für Katastrophen das britische Königshaus da wieder heimgesucht haben, oder: Wie wohl das Spiel läuft, wenn Schweini nicht fit ist. Die eigentliche Mitteilung ist: Wir sind uns freundlich gesonnen, stehen nicht nur beieinander, sondern uns auch bei und beschenken uns mit Aufmerksamkeit.

Merkwürdigerweise sind Menschen aber sehr auf den Inhalt des Gesprochenen fixiert und neigen dazu, den ganzen Rest zu vernachlässigen. Das darf - und nun komm ich endlich zum Punkt - im Verhältnis zum Hund naheliegenderweise nicht passieren.

Was Hunde uns zu sagen haben, *sagen* sie eben nicht. Aber sie haben eine Fülle von Möglichkeiten, sich anderweitig zu äußern. Mal abgesehen vom zwar verbalen Bellen und Knurren, das man allerdings keinesfalls mit Sprechen verwechseln darf, sind das Mimik, Gestik und Körpersprache.

Der Schwanz z.B. bringt eine Menge sehr deutlich zum Ausdruck. (Nicht zuletzt deshalb ist es einfach barbarisch, ihn zu kupieren.) Gerade seine Zeichen sind ja oft ganz einfach zu deuten. Freudiges Schwanzwedeln verstehen wir wie von selbst und das schon sprichwörtliche Schwanzeinklemmen ist eine so offensichtliche Geste, dass es als Sinnbild in unserer Sprache einen festen Platz gefunden hat. Wobei wir eben nicht dem Irrtum verfallen, dieser Ausdruck beziehe sich ausschließlich auf den männlichen Bevölkerungsanteil.

Bei den anderen Informationskanälen herrscht bedeutend weniger Eindeutigkeit, zumindest für uns Menschen - Hunde haben da keine Schwierigkeiten. Wissenschaftler haben z.B. nachgezählt und bei Wölfen tatsächlich über 60 verschiedene „Gesichtsausdrücke" festgestellt. Jeder

Einzelne bedeutet eine andere Botschaft an den Gegenüber. Bei der Züchtung unserer Hunderassen sind da eine Menge auf der Strecke geblieben: Ein Zwergpudel z.B. kommt nur noch auf 14 - schon etwas weniger kompliziert.

Dann ist da der große Bereich der Verständigung und Wahrnehmung durch Gerüche - da sind wir Menschen gegenüber Hunden außerordentlich unterbelichtet. Wohlgemerkt, wir sprechen nicht über den aufdringlich starken Geruch, so wie: seit zwei Tagen Knoblauchdiät ohne Mundhygiene, Holzfällerhemd am Freitagnachmittag, oder: Fischreste weit jenseits des Haltbarkeitsdatums. Gemeint ist die feine Witterung, das Erkennen auch noch der geringsten Duftspuren.

Ein Hund ist in der Lage über seine Nase außerordentlich komplexe Zusammenhänge zu erkennen. Wenn er beispielsweise auf einen Spielkameraden trifft, nimmt er wahr, was der so den ganzen Tag getrieben hat. „Ach, der Hasso, der war heute schon wieder in der Theodorstraße an dem himmlischen Mülleimer vom Hähnchen-Grill und hat da Bella getroffen, die seit Kurzem was mit - lass mich riechen - mit - ist nicht möglich - was mit Bobby hat! Na, da hat sich Hasso aber geärgert, das riech ich doch."

So, oder so ähnlich wären die nasalen Informationen in menschliche Sprache übersetzt. Nur Hasso muss nicht das Geringste sagen oder sein Gesicht verziehen, andere Hunde riechen ihm das einfach an.

Die Nase eines Hundes ist so fein, dass er in die Vergangenheit schauen bzw. riechen kann. Ihm ist klar, wer vor ihm an seinem gegenwärtigen Aufenthaltsort war. Er kann es zeitlich sortieren in „noch ganz frisch" oder vielleicht „ist schon zwei Wochen her". Aber auch, wo kommt der, dem ich jetzt gerade begegne, her, was hat er wo gemacht und mit wem hat er sich herumgetrieben. Vielleicht sogar: Was hat der gefressen ... ob davon noch was übrig ist?

Und Hunde erfahren mit Hilfe ihres Geruchssinns solche Basis-Infos wie ungefähres Alter, Geschlecht, allgemeiner Gesundheitszustand und Gemütsverfassung - und das übrigens nicht nur von ihresgleichen, sondern natürlich auch von uns Menschen.

Deshalb ist es auch kein Zufall, dass Menschen, die bei Hunden ein wenig ängstlich sind, immer wieder dasselbe erleben: Hunde interessieren sich ganz besonders für sie, anstatt sie, wie erwünscht, völlig links liegen zu lassen. Das liegt höchstwahrscheinlich daran, dass ein Hund die Unsicherheit spürt, auf jeden Fall kann er aber die Angst riechen.

Der simple Rat, einfach keine Angst haben, dann kann sie der Hund ja nicht erkennen, weil man keine entsprechenden Duftstoffe aussendet,

ist wenig hilfreich. Menschen neigen dann dazu, sich betont locker zu benehmen, sozusagen unängstlich. Doch den eigenen Geruch können wir genauso wenig kontrollieren wie unser Unbewusstes. So kommt es zu einer Doppelbotschaft: Verhalten und Geruch sagen etwas Verschiedenes. Das mögen Hunde nicht besonders.

Es ist besser sich seinen Ängsten entsprechend zu benehmen, also zurückhaltend und ruhig zu sein und die sichere Nähe von Herrchen bzw. Frauchen zu suchen. Die meisten Hunde - zumindest erwachsene - werden das respektieren und ihrerseits vorsichtig mit dem Menschen umgehen. Bei jungen Hunden ist das etwas schwieriger, weil die sich oft beim besten Willen nicht vorstellen können, dass jemand Angst vor ihnen haben könnte und gar nicht mit ihnen spielen will - ist von ihrem Standpunkt aus ja auch unbegreiflich.

Aber zurück zum Thema, mit welchen Mitteln kommunizieren Hunde außerdem noch? Da ist das weite Feld der Körpersprache. Das Feld ist sehr weit ..., ich werde später darauf zurückkommen. Und dann haben wir noch die taktile Verständigung, die über Berührungen - ein nicht ganz so weites Feld.

In Berührung kommen wir damit, wenn wir z.B. von Hunden zum Spielen aufgefordert werden. Sie kennen das, Anstupsen mit der Nase und/oder Berühren mit der Pfote.

Handlungen, für die es, soweit ich weiß, keinen speziellen Namen gibt. Wenn man einen auswählen sollte, würde ich es am ehesten „Anbaggern" nennen.

Ganz allgemein neigen Hunde dazu, taktil aufzufordern, spiel mit mir, streichel mich, gib mir was zu fressen oder geh jetzt endlich mit mir Gassi. All das wird oft mit bestimmten Berührungen vermittelt und ist im Allgemeinen gut zu verstehen

Also, was tun?

1. Trauen Sie Ihrer Intuition - Hunde tun das übrigens auch (sie können allerdings auch nicht anders). Man wundert sich, wie oft etwas Gutes dabei herauskommt. Wer aus dem Bauch heraus auf eine Situation reagiert, liegt erstaunlich oft richtig.

2. Misstrauen Sie der Intuition, sie gaukelt uns nur das vor, was wir uns wünschen, was wir sowieso erwarten und ...

Ja ja, ich weiß, es ist schwierig, was beim einen Mal klappt, nämlich so ganz spontan, ohne Überlegen - sozusagen aus der Hüfte geschossen - haut beim anderen Mal überhaupt nicht hin. Man sagt sich dann, vielleicht hätte man doch einen kleinen Augenblick nachdenken sollen. Aber wie soll man das unterscheiden?

Es geht um nicht weniger, als wirkliches Einfühlungsvermögen in *seinen* Hund bzw. den Hund als solchen zu entwickeln. Das ist keine leichte Aufgabe und eine langfristige obendrein - man hat ja aber auch eine Weile Zeit. Außerdem ist es ebenso interessant wie lohnend. Denn mit einiger Übung können Sie unterscheiden: An dieser Stelle verstehe ich meinen Hund sehr wohl und ich kann meinem natürlichen Gefühl trauen und an der anderen Stelle neige ich dazu, ihn zu vermenschlichen oder - kommt auch vor - ab und zu habe ich überhaupt keine Ahnung - tja, Mysterien bereichern ja das Leben ...

Die Körpersprache

Im letzten Kapitel wurde gesagt, das mit der Körpersprache käme später - jetzt ist später.

Es ist interessant, sich seinen Hund mal anzugucken. Ich weiß, das ein oder andere Mal haben Sie das schon getan, Ihr Hasso/Waldi ist schwarz/weiß, braun/einfarbig-getupft.

Ich meine etwas anderes. Schauen Sie ihn an wie ein Tierforscher, Fachgebiet: in sozialen Verbänden lebende Säugetiere. Normalerweise können Sie das Verhalten Ihres Hundes ja ohne Probleme deuten, wenn er Sie z.B. freudig begrüßt, wenn er Angst hat oder anderen Hunden zeigen will, was eine Harke ist. Intuitiv erkennen Sie, was los ist, ohne im Einzelfall unbedingt genau sagen zu können, woran Sie es eigentlich erkennen.

Wenn Sie genau hin-schauen, werden Sie eine Fülle von einzel-nen, sehr aussage-kräftigen Signalen identifizieren. Wa-rum man sich damit näher beschäftigen sollte? Zum einen ist es höllisch interessant - auch wenn man kein Tierforscher ist. Zum an-deren, wenn Sie die Körpersprache Ihres Hundes im Zusammenhang sehen mit Situationen und Handlungen, die Sie mit Leichtigkeit zu deuten wissen, kann Ihnen das erworbene Wissen über Gestik und Mimik sehr helfen, Ihren Hund auch dann zu verstehen, wenn Sie ihn gerade mal nicht verstehen. Zum Beispiel wenn er an einer Stelle Angst hat, wo kein normaler Mensch Angst hat ...

So, nach dieser Vorrede, die Sie vor allem dazu anregen sollte, Ihre eigenen „Forschungen" anzustellen, hier noch ein paar Beispiele der häufigsten körpersprachlichen Äußerungen Ihres Vierbeiners.

BEREITSCHAFT

Entspannt

Recht leicht zu erkennen, der Hund ist ohne große Körperspannung, seine Schnauze ist geschlossen oder leicht geöffnet, die Aufmerksamkeit ist nicht gerichtet und der Schwanz hängt locker.

Aufmerksam

Da ist noch nichts passiert, aber vielleicht wird da gleich was passieren. Der Kopf ist oben - man will sich ja Übersicht verschaffen - der Hund ist in leicht gespannter Haltung, der Schwanz in der Höhe des Rückens, die Schnauze geschlossen. Die Sinne sind auf das gerichtet, was noch imaginär ist, aber wahrscheinlich - oder hoffentlich endlich - passieren wird.

Wachsam

Endlich ist das Ziel für die Aufmerksamkeit gefunden. Jemand oder etwas wird genau überwacht. Die Schnauze ist leicht geöffnet, die Körperspannung steigt, er ist bereit, sofort zu reagieren.

Und jetzt lassen wir mal einen Menschen oder Hund auf Ihren Liebling zukommen.

KONTAKT

Begrüßung

Natürlich - das kennt ja jeder - gehört zur Begrüßung das obligatorische Schwanzwedeln. Je nach Charakter und sozialer Stellung ist das Verhalten von Hunden schon recht unterschiedlich - manchmal ist beispielsweise die Freude so groß, man könnte meinen, der Schwanz wedelt mit dem Hund.

Allgemein erkennt man aber die freundliche Begrüßung - wie könnte es anders sein - an der freundlichen Grundhaltung, oft etwas aufgeregt, Winseln und Quieken inkl., eben an dem deutlich erkennbaren Wunsch,

Kontakt aufzunehmen. Ich habe hier freundliche Begrüßung geschrieben, weil die unfreundliche Begrüßung, wie zum Beispiel das Anknurren, gar nicht als Begrüßung, sondern als Imponierverhalten oder Aggressionshaltung eingeordnet wird.

Die Stellung der Ohren ist sehr aussagekräftig. Dominantere Hunde, man könnte auch sagen sehr selbstbewusste, halten sie aufrecht, was gegenüber anderen Hunden völlig in Ordnung ist - bei Menschen nur bedingt.

Junge oder unterwürfige Hunde legen die Ohren ganz zurück oder flach zur Seite. Ob angelegt oder aufrecht - bzw. alle Stufen dazwischen - an den Ohren können Sie ziemlich genau erkennen, wie ein Hund sich Ihnen oder einem anderen Hund gegenüber statusmäßig einordnet.

Zur rangniederen Haltung gehört auch der leicht gesenkte Kopf, oft Anstupsen und Lecken der Schnauze seines Gegenübers - bei Menschen allgemein nicht so beliebt.

Aufforderung zum Spiel

Der Übergang von Begrüßung zu Spielaufforderung ist oft fließend. Denn das Anstupsen mit gesenktem Kopf gehört zu beidem.

Für Hunde ist Spiel in erster Linie Rumtollen. So ist bei der Aufforderung zum Spiel alles auf Springen, Hüpfen und plötzliche, ruckartige Bewegungen eingestellt, der Körper gespannt wie eine Feder, vorne runter, hinten hoch, beweglich, aufmerksam und augenscheinlich bester Laune. So oder so ähnlich versucht ein Hund seinen Gegenüber - ob Mensch oder Artgenosse - zum Mitspielen zu animieren. Oft bellt er auch.

Spielangriff

Teil der Animation eines potenziellen Spielgefährten ist oft auch ein Angriff, der keiner ist. Dabei geht es um So-tun-als-ob: Fixieren, langsames Näherkommen, plötzliches Draufzustürmen. Aber zumindest Hunden ist es jederzeit klar, dass alles ganz harmlos ist. Der Angriff wird nämlich kurz vorm Ziel abgebrochen, um dann völlig ausgelassen in der Gegend herumzuspringen - das sieht schon manchmal sehr komisch aus.

Je vertrauter und temperamentvoller die Spielpartner sind, um so wilder kann es dabei zugehen, sodass manchmal die Grenze zum aggressiven Verhalten zu verwischen scheint - das scheint aber nur so.

Missverständnisse gibt es bisweilen, wenn ein junger, kräftiger Hund sich einfach nicht vorstellen kann, dass ein anderer - womöglich älter und ein wenig konservativ - lieber seine Ruhe haben will. Das ist dann eher eine Art Generationenkonflikt, der sich von selbst regelt.

Nun haben wir den angenehmen Verlauf aufgezeigt - leider geht es auch anders.

AGGRESSION

Erhöhte Wachsamkeit

Alarm, es hat sich zwar noch nicht entschieden, ob es freundlich oder feindlich weiter geht, aber man bereitet sich darauf vor, dass es hässlich wird. Also ganz still, Kopf hoch, Nackenfell auch und Ohren ausgerichtet nach vorn. Neben dem ganzen Haareaufstellen wird aber auch noch ein bisschen mit dem Schwanz gewedelt - wenn man als Hund doch nur eine etwas bessere Fernsicht hätte und dann kommt der Wind auch noch von hinten, da ist beim besten Willen nichts zu riechen ...

Imponieren

Aha, da kommt also kein guter, alter Bekannter, auch kein Was-für-ein-reizender-Neuling, sondern ein Was-will-der-denn-hier oder ein Der-ärgert-mich-schon-lange.

Bei Menschen heißt es an der Stelle: Brust raus, Aufrichten, so groß wie möglich machen, starrer Blick, auf keinen Fall blinzeln - bei Hunden ist es verflucht ähnlich. Nur dass das Aufstellen der Nackenhaare bei Hun-

den optisch mehr hermacht, und das Zähne-
fletschen beim Menschen eher komisch
wirkt. Merkwürdigerweise wedelt der
Hundeschwanz in dieser Situation
immer noch ein wenig, bewegt sich
aber meist in hohem Bogen über dem
Rücken. Die Geste hat allerdings beim
näheren Hinschauen überhaupt nichts
Vertrauenbildendes mehr, sondern ist ein
Zeichen für Erregung.

Angriffshaltung

Jetzt ist es kurz vor knapp. Der Kopf ist
leicht gesenkt, Nackenhaare und Ohren auf-
gestellt, stierer Blick. Die Zähne werden
deutlich gezeigt, eventuell ist Knurren
zu hören, der Schwanz steif nach
hinten gestreckt. Vor allem aber
ist das Körpergewicht nach vorne
verlagert - zum Sprung bereit.

32

Jetzt, spätestens jetzt, sollte man als Hundebesitzer eingreifen, um Schlimmeres zu verhindern.

Defensive Angriffshaltung

Das eben Geschilderte hat etwas sehr Eindeutiges. Es kommt aber natürlich häufig vor, dass so ein armer Hund nicht recht weiß, wie er die Lage einschätzen soll. Es ist ein bisschen wie eine Partie Poker mit beängstigend hohem Einsatz. Soll er aufs Ganze gehen und vielleicht fürchterlich verprügelt werden? Lieber nicht.

Auch bei der defensiven Angriffshaltung ist die Verlagerung des Körpergewichts sehr aufschlussreich. Nicht nach vorne, wie bei der Angriffshaltung, sondern nach hinten. Flucht ist ja oft die vernünftigere Option. Auch sonst unterscheidet sich die Körpersprache. Zwar werden

Zähne gefletscht und es wird geknurrt, doch die Haltung ist wesentlich geduckter, die Ohren angelegt, der Schwanz hängt tief.

Gefährlich kann es in Situationen werden, in denen Angst im Spiel ist. Angst führt zu irrationalen Fehleinschätzungen, der Hund reagiert auf einen Angriff, der gar nicht stattfindet. So wird der freundliche Nachbar, der nur mal streicheln will, oder die junge, absolut harmlose, riesengroße Dänische Dogge, die nur ein bisschen spielen will, von dem kleinen verunsicherten Hund - scheinbar grundlos - gebissen. Es ist gut, rechtzeitig auf die offensichtlichen Zeichen zu achten.

RANGVERHALTEN

Dominanz

Am Anfang das, was man Hunden auf keinen Fall durchgehen lassen sollte: dominantes Verhalten gegenüber Menschen.

Sich als Chef fühlen ist natürlich nicht nur *eine* bestimmte Haltung. Es sind Verhaltensweisen, die aber sehr wohl körperlich ablesbar sind. „Erhobenen Hauptes" ist da ein gutes Stichwort. Wenn Ihr Hund immer als Erster eine Tür passieren muss, bestimmen will, ob es Zeit ist, Gassi zu gehen oder wann und was es zu Fressen gibt, dann sagt seine Körper-

34

sprache recht deutlich: Ich hab hier die Hosen an. Das heißt im Einzelnen vielleicht eine aufrechte Haltung mit aufgestelltem Schwanz kombiniert mit der Eigenart, keinem Blick auszuweichen. Der ganze Habitus hat dann so etwas Aufmüpfiges, Freches und Provozierendes.

Eine andere, überaus lästige Dominanzgeste ist der von Vielen als sexuelle Verirrung empfundene Versuch, Unterschenkel zu begatten.

Dominanz kann sich aber auch genauso gut in scheinbar gegenteiligem Verhalten äußern. Z.B. scheint Ihr Hund zu schlapp, um sich zu erheben und Ihnen den direkten Weg durch die Tür freizugeben. Ganz deutlich: Das scheint nur so. Es ist ein Mangel an Respekt. Wer als Hund für seinen Chef nicht umgehend den Durchgang freimacht, sollte schon todkrank sein oder doch mindestens sehr alt.

Wie gesagt, dominantes Verhalten kann sich sehr verschieden äußern, für alle gemeinsam gilt aber: Gegenüber Menschen geht das gar nicht! Die angemessene Reaktion kann sein - je nach Situation - souveränes Ignorieren, entschiedenes Zurechtweisen oder unerfreuliche Sanktionen.

Unterordnung

Ein Wolfsrudel ist eine sehr hierarchische Angelegenheit, klares Oben und Unten. Und so hat ein Wolf - wenn es angezeigt ist - keine großen inneren Widerstände, sich einem höherrangigen Gegenüber ausgesprochen demutsvoll zu präsentieren. Das ist bei Hunden das Gleiche. Die Zeichen sind: eine etwas geduckte Haltung, die Schnauze geschlossen, die Ohren zurückgelegt, gesenkter Blick und ein nur vorsichtig wedelnder Schwanz auf Halbmast - alles in allem ein äußerst dezentes Auftreten.

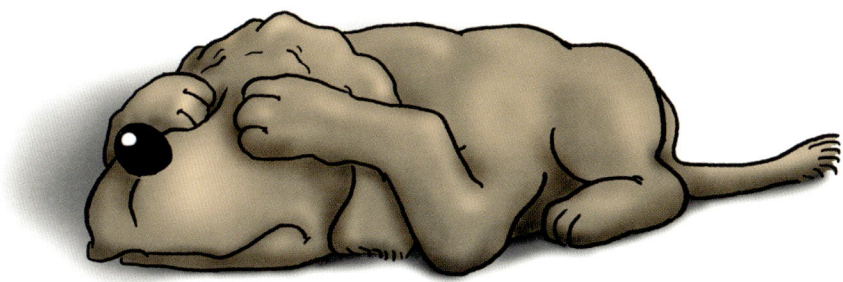

Starke Unterordnung

Die eben geschilderte Haltung steigert sich. Der Hund liegt mehr oder weniger bewegungslos. Den Blick gesenkt wartet er, ergeben in sein Schicksal, auf den Moment, in dem er wieder angenommen wird.

Er sieht so aus, als habe er etwas Fürchterliches angestellt und schäme sich ganz entsetzlich. Vielleicht hat er sich ja auch wirklich mächtig daneben benommen, aber schämen tut er sich nicht. Scham und Moral sind menschliche Kategorien. Man kann diese Gesten allerdings schon als eine Art um Verzeihung bitten sehen. Ein Hund zeigt sie aber nicht, weil er etwas Verbotenes, Schlechtes getan hat, sondern etwas, was der Ranghöhere nicht will und das deshalb verboten ist.

Unterwerfung

So demütig die starke Unterordnung auch ist, Ihr Hund kann noch einen draufsetzen. Denn wenn alles nichts hilft, hilft vielleicht die Unterwerfung. Der Hund liegt dabei auf dem Rücken, die Hinterbeine ausein-

ander gestreckt, der Schwanz gegen den Bauch gepresst. Die Ohren sind zurückgelegt und die Schnauze ist fast geschlossen. Urinieren verstärkt die Geste noch.

Auffällig ist dabei, wie leicht gerade jungen Hunden diese Gesten von der Hand gehen. Ein Mensch wäre noch geraume Zeit äußerst beschämt, wenn er sich so erniedrigt hätte. Ein Hund, dem man sagt: „He, nun ist wieder gut, Du bist in Ordnung", steht wieder auf und hat gute Laune.

Wichtig für den Menschen: Wie groß und berechtigt Ihr Ärger über eine Verfehlung Ihres Hundes auch sein mag, Sie dürfen ihn niemals in der Unterwerfungshaltung bestrafen. Das wäre verkehrte Welt für den Hund, wenn er für die größtmögliche Entschuldigung bestraft wird.

Angsthaltung
Der Hund ist geduckt mit dem Gewicht auf den Hinterbeinen. Der Kopf ist gesenkt und die Ohren angelegt. Der Schwanz ist zwischen den Hinterbeinen eingeklemmt. Das Maul ist geschlossen, die Lippen zurückgezogen. Manchmal kommt auch Zittern dazu.

Es wäre schön, wenn es gar nicht erst so weit kommt. Angst ist unkommunikativ. Unterordnungs- und Unterwerfungshaltung sollen etwas bewirken, sind ein Verständigungsangebot, sollen den Gegenüber dazu bringen, den Unterwürfigen in Gnaden wieder aufzunehmen oder eine Entschuldigung anzunehmen. Angst ist Reaktion auf eine bedrohliche, im Augenblick unlösbare Situation. Sie sollten Ihrem Tier jetzt beistehen, aber bitte nicht durch Trösten und Streicheln - damit belohnen und fördern Sie unsicheres Verhalten - sondern durch beherzte Aufmunterung. Geben Sie Ihrem Hund die Sicherheit, ein starkes, völlig unängstliches Herrchen/Frauchen zu haben (zur Not tun Sie einfach so).

Die Angsthaltung zu erkennen, erfordert nicht unbedingt übergroße Empathie. Schwieriger sind die leichten Formen der Angst zu entziffern, vielleicht weil Sie selbst gerade meinen, dass doch im Augenblick alles ganz ungefährlich ist - die Gefahr liegt im Auge des Betrachters.

Manchmal zeigt der Hund ein leichtes Zittern, er weicht zurück, wirkt unsicher und unruhig. Er ist ängstlich und - das macht die Situation etwas kribblig - er ist noch unentschieden, ob er in die passive Angsthaltung oder doch besser in den Angriffsmodus geht. Auch hier ist es wichtig: Geben Sie Ihrem Hund Sicherheit und Schutz, er kann sich entspannen und wieder folgerichtig handeln.

41

Befehl und Gehorsam

Schrecklich, diese Überschrift. Aber was will man machen, als Hundehalter muss man sich zu seiner Autorität bekennen. Vorausgesetzt man hat auch welche. Sonst könnte es schwierig werden.

Hundehaltern wird von unfreundlicher Seite gerne unterstellt, sie würden sich nur deshalb einen Hund halten, damit sich wenigstens einer an ihre Anweisungen hält. Sollte Sie jemand persönlich mit dieser Behauptung konfrontieren, rate ich Ihnen, das grundsätzlich und entschieden zurückweisen! Ich bin mir sicher, dass es gerade auf Sie, lieber Leser, in keiner Weise zutrifft, und nur gesetzt den Fall, es wäre ein Körnchen Wahrheit daran, geben Sie es nicht zu - es macht keinen guten Eindruck.

Nebenbei, oft genug klappt das mit dem Gehorsam ja noch nicht mal besonders gut. Besteht da vielleicht ein Zusammenhang, dass Hunde sich nicht an Kommandos ihrer Besitzer halten, weil sie oben genannten Verdacht nicht bestätigen wollen? Das wäre selbst für einen Hund zu viel Empathie.

Menschen sind sehr verschieden. Solche, die man vom Wesen her als höflich und eher zurückhaltend bezeichnen würde, werden oft als besonders angenehm empfunden und allgemein geschätzt.

Durchsetzungsstarke Charaktere wirken nicht zwangsläufig sympathisch, haben in puncto Hundeerziehung aber durchaus Vorteile gegenüber ihren milden Zeitgenossen - sie wissen, was sie wollen und wollen, dass andere das wissen. Da weiß man als Hund, wo es lang geht.

Sollten Sie zu Letzteren gehören, sei Ihnen mit auf den Weg gegeben, dass ein gutes Hundeleben neben Pflicht auch aus Spiel und Spaß besteht.

Gehören Sie zur ersten Gruppe, werden Sie vielleicht fragen, ist denn das alles nötig? Kann man denn nicht kameradschaftlich mit seinem Hund umgehen, so in netter Form. In netter Form natürlich, aber kame-

radschaftlich …? Das Wort Kamerad wird ja oft und gerne bemüht, wenn über das Zusammenleben von Herrchen und Hund geschwärmt wird. Es entstehen sogleich Bilder vorm inneren Auge. Da ist der mittelalte Mann, Dreitagebart, allein unterwegs mit seinem Kumpel, dem Hund, der alles versteht. Einer der sich diskret zurückzieht, wenn sein

Herrchen eine amouröse Bekanntschaft gemacht hat, aber auch entschlossen dazwischen geht, wenn er mit seinem untrüglichen Instinkt erkennt, dass die Neue keine ehrenwerten Absichten hat.

Einer der überhaupt genau unterscheiden kann zwischen guten und bösen Menschen, einer der nie nervig ist, der genau spürt, was angesagt ist ... Achtung, nächste Station Hollywood. Ehrlich, so was gibt es sehr, sehr, sehr selten - nahe am Nie.

Überhaupt ist es keine besonders gute Idee, seinen Hund mit zu hohen Erwartungen zu befrachten. Lassie, Beethoven (nicht der Komponist), Hutch oder Rin Tin Tin - sofern Sie diese Filmgrößen kennen - sind reine Fiktion. Die Vermenschlichung seines Hundes ist ein naheliegender und verständlicher aber eben auch falscher Reflex. Ein Hund ist kein Mensch und wird es entgegen anderslautender Gerüchte auch nie werden (an sich ganz gut, mit Menschen hat man eh nur Ärger).

So lautet der Rat: Behandeln Sie Ihren Hund wie einen Hund, sozusagen artgerecht. Das setzt eine gewisse Strenge voraus, Konsequenz und kein kumpelhaftes Laissez-faire.

Ein Hund ist idealerweise ein treu ergebener Freund, aufmerksam und folgsam. Einer, der seinen Platz kennt und ihn möglichst auch nie anzweifelt, denn der Chef sind Sie. Das heißt selbstverständlich nicht, seinen Hund von morgens bis abends exerzieren zu lassen - wer hätte schon die entsprechenden Stimmbänder. Sie sollten ein netter, liebevoller und fürsorglicher Chef sein - aber der Chef.

Und Sie haben eben nicht nur das Sagen, sondern übernehmen auch die Verantwortung. Verantwortung heißt, einen Rahmen, eine Struktur zu schaffen, in der sich der Hund orientieren kann - er muss ja schließlich wissen, wenn er etwas Verbotenes tut, dass es verboten ist, wo bleibt sonst der Spaß.

Es gibt zum Thema Hundehaltung eine Menge wissenschaftlicher Untersuchungen, die sich mit den Auswirkungen der Hundehaltung auf den Menschen befasst. Das Ergebnis ist, auf einen einfachen gemeinsamen Nenner gebracht, Folgendes: Hunde sind gut für den Charakter.

Wie das?

Einen Hund halten bedeutet, bereit zu sein, sich um ein anderes Wesen zu kümmern, seine Energie einzusetzen, sich in dieses Wesen einzufühlen. Es bedeutet Verantwortung zu übernehmen, den Hund zu versorgen, ihn zu beschützen und ihn zu leiten. Diese fürsorglichen Eigenschaften werden geschult und gestärkt durch den Umgang mit einem

49

Hund. Vor allem Kinder profitieren sehr davon, soziales Lernen wird gefördert und die Gemeinschaft gestärkt. Versuche mit einem „Klassenhund" für Schulklassen mit einem hohen Anteil problematischer Schüler haben hervorragende Ergebnisse erzielt.

Noch mal zurück zum Ausgangspunkt dieses Kapitels - diese unsympathische Überschrift. Erwarten Sie keine fertigen Rezepte in diesem Buch, was Erziehungsfragen angeht. Es ist ja nicht so, dass alle Hunde gleich sind - das hatten Sie sich sicher schon

gedacht. Die charakterliche Bandbreite steht der Verschiedenartigkeit im Aussehen kaum nach. Zu meinen, diese Vielfalt entstehe ausschließlich durch Erziehung und Sozia-

lisation - so meine Überzeugung - ist ein Trugschluss. Wer jemals einen Wurf, auch mit minimalem Menschenkontakt, bei einer Hündin beobachtet hat, wird schon nach wenigen Lebenstagen der Welpen feststellen, wie verschieden sich die Kleinen entwickeln.

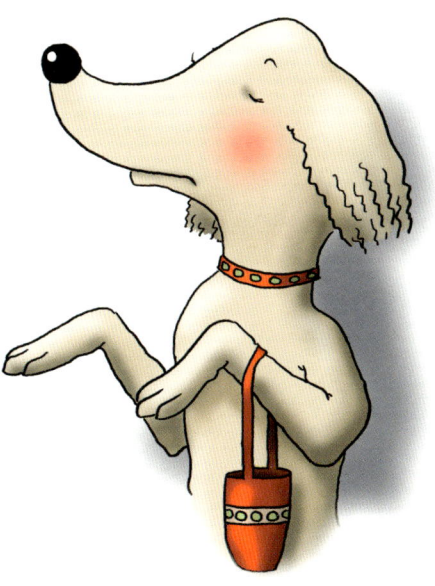

Insofern ist es na- türlich klar, dass es einfache, gutmütige, immer freundliche, seinen Herrschaften wohlgesonnene und treu ergebene Hunde gibt, deren Erziehungs- und Maßregelungsbedarf gen null geht.

51

Aber es gibt eben auch andere Kandidaten, an denen man sich fast die Zähne ausbeißen kann - bildlich gesprochen. Und selbstverständlich alle Schattierungen dazwischen. Grundsätzlich ist der Hund als solcher dem Menschen zugetan, sonst wäre er Wolf geblieben. Und er ist abhängig von ihm - der Mensch hat schließlich den Schlüssel zur Speisekammer. Das überzeugt. Bei etwas schwierigen Hunden ist es von Vorteil, das ab und zu raushängen zu lassen.

Also, was tun?

Seien Sie klar und eindeutig. Keine Eventuells und kein „Na, dann eben nicht". Üben Sie mit dem Hund und üben Sie sich. Seien Sie ebenso fürsorglich und liebevoll wie konsequent und eindeutig.

Es ist dabei von Vorteil, immer noch ein Ass im Ärmel zu haben: einen entschiedeneren Ton, eindeutigere Gestik, Mimik und Körperspannung, so als allerletzte Warnung (das heißt nicht unbedingt höhere Lautstärke). Das Wichtigste am Ass im Ärmel ist, dass damit der entscheidende Stich gemacht wird. Noch besser ist es natürlich, man muss es gar nicht ausspielen. Das hat den Vorteil, dass man noch ein Ass im Ärmel hat.

Das Gefühl, man könnte noch was drauflegen - was immer das auch sein sollte - gibt dem eigenen Auftreten die entscheidende Überzeugungskraft und die überträgt sich - in diesem Fall auf den Hund. Nur, Sie müssen auch selber dran glauben, sonst überträgt sich gar nichts.

Komm Sitz, geh Platz bei Fuß

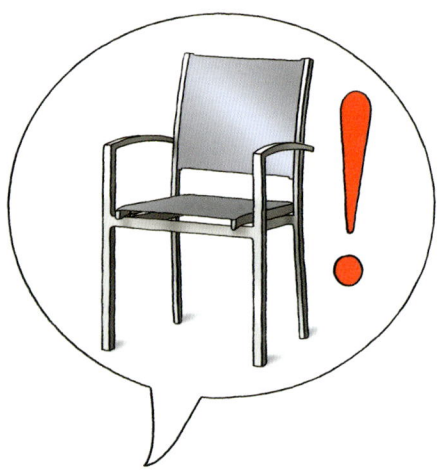

Passend zum letzten Kapitel geht es jetzt gleich weiter zum wichtigsten Feld, auf dem wir unseren vierbeinigen Gefährten unseren Willen vermitteln wollen: die sogenannten Alltagsbefehle. Das heißt, ich weiß gar nicht, ob man sie so nennt - ich tue es. Gemeint sind die gebräuchlichsten

Ansagen Richtung Hund und das Gebräuchlichste ist ja gemeinhin das Wichtigste, weil es am häufigsten vorkommt.

Der zentrale Alltagsbefehl - man könnte auch sagen, die Mutter aller Befehle - ist zweifellos „Komm". Die Befolgung dieser Aufforderung ist für den Menschen in seinem Wunsch sich den Zwängen der modernen und überaus komplexen Welt entsprechend zu verhalten von elementarer Bedeutung. Wenn das Leben von Terminen getaktet ist, man unbedingt zu einer bestimmten Zeit bei der Arbeit, beim Zahnarzt, beim Partner - der das Zuspätkommen nicht so schätzt - oder einfach nur zu Hause rechtzeitig zum „Tatort" sein muss, dann kann es einen, gelinde gesagt, komplett wahnsinnig machen, wenn der sonst so getreue Vierbeiner die Streuneranteile seiner Seele entdeckt oder einfach nur mal wieder reichlich rumtrödelt.

Und was meint Ihr Hund dazu? Einerseits ist Termindruck für Hunde etwas völlig Unverständliches. Den Druck, den sie kennen - außer dem, den Herrchen oder Frauchen machen - kann man am besten als Bedürfnisdruck bezeichnen, also z.B. Hunger oder Müdigkeit oder dies andere da ...

Die zeitliche Zielvorstellung zur Bedürfnisbefriedigung ist „bald". Das war's dann aber auch schon im Wesentlichen mit der vorausschauenden Planung eines Hundes.

Ein zusätzliches Problem mit dem Befehl „Komm": Es hat keine rechte Entsprechung in der evolutionären Vorgeschichte unseres Haustieres. Für den jungen Wolf ist es im Gegenteil in höchst eigenem

Interesse, den Anschluss zu seinen Leuten nicht zu verlieren - er wäre sonst verloren. Wenn es unter Wölfen einen Befehl gibt, dann eher: „Hau ab, du nervst!" oder „Lass die Pfoten von meinem Essen!"

Unter Wölfen würde es also eher heißen: „Du darfst kommen", und nicht „Du sollst kommen." Das Ganze scheint etwas anders zu funktionieren als bei Hund und Mensch. Sollte es daran liegen, dass Wölfe nicht grundsätzlich nett sind?

Man könnte die Frage auch anders stellen: Ist vielleicht der ein oder andere Hundehalter zu fürsorglich, ist es zu selbstverständlich, dass er zu Diensten ist? Und verliert nicht das Selbstverständliche an Wert? Man kennt das, die nettesten Eltern haben oft die undankbarsten Kinder.

Die bedingungslose Liebe - bei Menschen auch Mutterliebe genannt - führt bei Hunden in der Regel zu nicht unbedeutenden charakterlichen

Defiziten. Ich muss das vielleicht etwas näher erläutern. Natürlich braucht ein Hund - wie jedes andere soziale Wesen auch - Aufmerksamkeit, Anteilnahme, Zuneigung, mit anderen Worten: Liebe. Doch wenn das heißt, Hund, so wie Du bist, bist Du genau richtig, kann das zwar richtig sein, wenn der Hund wirklich ganz richtig ist - dann wäre er aber eine richtige Ausnahme …

Bevor ich Sie noch weiter verwirre, sag ich es noch mal anders. Ein Hund braucht Orientierung, um zu wissen, was er tun darf und soll und was nicht. Ist man immer nett zu ihm, nach dem Motto „Ich hab Dich lieb, egal wie Du bist und was Du machst", wird ihn das bestenfalls nur verwirren.

Wahrscheinlich empfindet er es früher oder später als Aufforderung, seinem Herrchen auf der Nase herumzutanzen. Zuneigung und Aufmerksamkeit sind immer auch eine Belohnung für gutes Benehmen.

Doch zurück zum „Komm". Wenn Ihrem Hund klar ist, dass er auch was zu verlieren hat bei Nichtbefolgung Ihrer dringlichen Bitten - nämlich oben erwähnte Zuwendung plus Leckerli - dann wird er sich schon nach Ihnen richten, er ist ja nicht blöd.

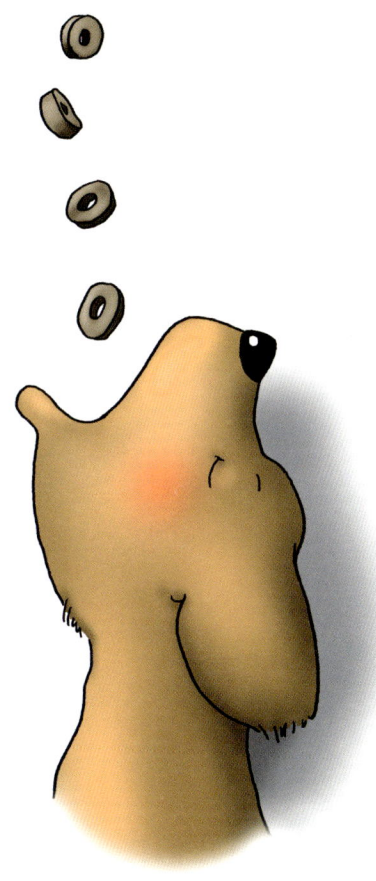

Allerdings, wenn man sich so umschaut, die meisten Hunde hören meistens auf ihr Herrchen oder Frauchen oder sehen es zumindest als ihre Pflicht an, es so erscheinen zu lassen. Es klappt also in der Regel. An dieser Stelle sollte man vielleicht sogar mal einfügen, dass Hunde im Grunde sehr kooperativ sind und die Harmonie lieben. Und fürs „Komm" gibt es einige Tipps und Tricks (siehe „Also, was tun?").

Was die anderen Befehle angeht - Sie erinnern sich, die aus der Überschrift: „Sitz", „Platz", „bei Fuß", die haben bei Weitem nicht die Brisanz wie „Komm". Wenn „Komm" klappt, klappt alles andere auch - meistens. Das zugrunde liegende Schema funktioniert aus Sicht Ihres Hundes ungefähr wie folgt: „Frauchen will was von mir, ich verstehe was sie will (wichtig!), ich tue, was sie will (erspart Ärger) und sie ist zufrieden (wie erfreulich, noch erfreulicher, wenn ich ein Leckerchen bekomme)."

Also, was tun?

Es ist ratsam, schon beim Welpen die Weichen zu stellen - dann ist es auch am einfachsten. Sie aktivieren den Folgetrieb, wenn es nicht selbstverständlich ist, dass Sie auf Ihren Hund warten. Nicht Sie sollen den Stress haben, ob er wohl mitkommt, sondern er, dass er eventuell den Anschluss verliert. Es kann auch gar nicht schaden, sich bei einem

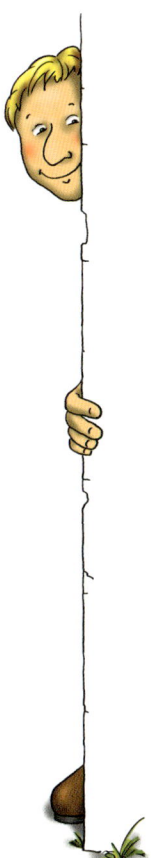

Spaziergang mal zu verstecken. Ersten ist die Freude riesig, wenn er Sie wiederfindet, und zweitens wird er lernen, mehr auf sein Rudel zu achten. Eines sollten Sie im Zusammenhang mit dem Befehl „Komm" unbedingt vermeiden: Nie - außer, es ist äußerste Gefahr im Verzug - hinter dem Welpen herrennen. Hintereinander herrennen ist Spiel - „Komm" ist kein Spiel!

Wenn Sie beim Welpen diese Grundlagen gelegt haben, sollten Sie auch später mit Ihrem ausgewachsenen Hund keine Schwierigkeiten mehr haben. Wenn doch, weil Sie doch immer etwas zu nachsichtig waren oder Sie Ihren Hund erst bekommen haben, als er schon etwas größer war, kommen einige Tricks zur Anwendung.

Das Zauberwort heißt Belohnung. Es muss schön, lohnend und angenehm sein, Herrchens Ruf zu folgen. In den letzten Jahren hat es immer mehr um sich gegriffen, Hunden bei jeder halbwegs passenden Gelegenheit ein Leckerchen zu geben. Für meinen Geschmack etwas zu oft, aber es funktioniert.

Der Königsweg ist allerdings - und ich hoffe, es kommt Ihnen nicht schon zu den Ohren heraus - wenn Sie der Chef sind. Haben Sie die uneingeschränkte Autorität, brauchen Sie noch nicht einmal Leckerchen oder sonstige Erziehungsstützen. Das klappt bei den meisten Hunden auch relativ gut, weil sie sich leicht und gerne unterordnen. Bei den Schwierigeren muss man als Hundebesitzer etwas an sich arbeiten - auch nicht schlecht.

Das Bellen

„Der Hund ist ein von Flöhen bewohnter Organismus, der bellt"
(Gottfried Wilhelm Leibniz). Oder „Schweigen ist Gold, aber Bellen
macht Spaß" - (fernöstliche Hundeweisheit*). Allerdings, ist es so, macht
Bellen Spaß? Warum bellen Hunde überhaupt? Zumindest viele - und
warum sind viele andere meistens stumm?

*selbst erfunden

Gut, gebellt wird aus den ver-
schiedensten Gründen. Oft wird Ein-
dringlingen oder solchen, die dafür
gehalten werden, lautstark die Meinung
gesagt bzw. den anderen Familienangehöri-
gen mitgeteilt: „Da ist jemand! Sensation, Unverschämtheit, Gefahr,
Freude ... ich bin so aufgeregt!" Oder etwas in der Art.

Manche Hunde bellen auch nur so, zumindest scheinbar, andere aus
Langeweile, um sich die Zeit zu vertreiben. Man fragt sich, ob´s hilft.
Meist ist es aber ein momentaner Anlass, der offensichtlich dringendst
einer Kommentierung bedarf.

Ganz allgemein gesagt ist Bellen ein Mittel der Kommunikation. Dabei gibt es grundsätzlich zwei Aussagen. Die Erste lautet: „Da ist jemand!", und die Zweite: „Ich bin hier!" Für beide Aussagen fordert man als Hund Aufmerksamkeit. Das wäre ja nicht weiter schlimm, wenn diese Forderung nicht in so unangenehmer Lautstärke vorgetragen würde. Durch Letzteres bekommt der Hund die Aufmerksamkeit in der Regel auch, aber eben um den Preis, sich unbeliebt zu machen. Das ist auch für einen Hund auf die Dauer kein schöner Zustand.

Am Besten, man geht gar nicht auf das Aufmerksamkeitsbellen ein. Dieser Vorschlag scheint ungefähr so praxisnah, wie beispielsweise die Anregung eines Zahnarztes, den Schmerz des entzündeten Weisheitszahnes doch einfach zu ignorieren. Das fällt schwer.

Andererseits besteht die Gefahr, dass sich der Aufmerksamkeitsbeller in seiner Strategie bestätigt fühlt, wenn man ihm Aufmerksamkeit schenkt. Schimpfen und Schreien ist auch eine Form der Beachtung, die sich bisweilen besser anfühlt als nichts.

Wenn man sich die Wurzeln des Bellens anschaut, also das, was die Wölfe so diesbezüglich machen, stellt man fest, die bellen kaum - mal ein kurzes „Wuff", wenn jemand kommt, den man nicht kennt. Ansonsten wird gejault und viel geheult.

Wenn nun das Haustier Hund aus Langeweile die Nachbarschaft durch Heulen in den Wahnsinn treibt, wäre das gegenüber dem Bellen auch kein echter Fortschritt.

Allerdings, und nun kommen wir der Sache näher, bellen Wolfswelpen, und zwar als Verständigungsmittel und um ihre Gefühle auszudrücken vor allem im Kontakt zu ihren Eltern.

Das passt gut mit der Theorie zusammen, dass Hunde genau genommen gar nicht erwachsen werden, denn dann würden sie ja mehr oder weniger zu Wölfen heranwachsen und wären als Hausgenossen ein Risikofaktor, der alle Nase lang die Machtfrage stellt und auch ausfechten will. Ein Hund ist also von Verhalten und Gefügigkeit her ein wenig mit einem Wolfswelpen zu vergleichen. Und wie wir schon gehört haben, bellen die auch. Man hat zudem festgestellt, dass gezähmte Wölfe zwar nicht anfangen zu bellen, aber spätestens deren Enkel.

Die Bereitschaft von Hundehaltern, sich über das Bellen ihrer Hunde zu freuen - immerhin beißen sie dann ja nicht, wie eine Volksweisheit sagt - ist nicht sehr verbreitet. Genauer gesagt bekommen das nur äußerst bescheidene Menschen hin, die wirklich nicht viel von ihrem Schicksal erwarten.

Den meisten Hundebesitzern ist das Bellen ihrer Vierbeiner egal. Das klingt erst mal verwunderlich, doch die Mehrzahl der Hunde bellt eher selten - zumindest sobald sie ausgewachsen sind. Zudem ist das Bellen meist an bestimmte Gelegenheiten gebunden und dauert nicht sehr lange an. Und da das gut erträglich ist, wird es dann auch klaglos ertragen. Doch eine kleine lautstarke Minderheit der Hunde kann ihrer Umwelt gehörig auf die Nerven gehen.

Ich will Ihnen an dieser Stelle meine persönliche Bell-Typologie näherbringen, die zwar nicht auf wissenschaftlicher Feldforschung fußt, doch sich wohl mit den Erfahrungen der meisten Mitmenschen decken wird. Da haben wir einmal die Statur des Hundes: Je größer bzw. massiger, desto ruhiger sein Charakter, folglich bellt er nur zu Not - mag sein, dass es unter anderem mit einem niedrigen Blutdruck zu- sammenhängt.

Bei den mittleren und kleinen Hunden scheint der Blutdruck höher zu sein, auf jeden Fall sind sie bedeutend weniger maulfaul - hervorstechend: der kleine Kläffer. Bei diesem hat man den Eindruck, dass die Hauptintention seines Bellens darin besteht, nicht übersehen zu werden - dafür kann man durchaus Verständnis haben.

Zum anderen unterscheidet sich das Bellen je nach Anlass. Da gibt es die Gelegenheitsbeller: die bekanntesten Vertreter - neben den harmlo-

sen Begrüßungsbellern - sind hier wohl die Revierbewacher, die jeden noch so nichtigen Anlass nutzen, um sich angesichts vermeintlicher Eindringlinge lautstark in Szene zu setzen. Zu dieser Kategorie gehören auch der Aufregungs- und der Angstbeller. Noch zu erwähnen sind die Dauerbeller, vor allem die tagsüber alleingelassenen Einsamkeits- und Langeweilebeller, die einem leid tun könnten, würden sie einem nicht so fürchterlich auf die Nerven gehen. Und zwar nicht Herrchen oder Frauchen - die sind ja gar nicht zu Hause - sondern den lieben Nachbarn, die die Eigenart haben, im Laufe der Zeit immer weniger lieb zu werden.

Das bringt mich jetzt zum Hauptproblem des Bellens: Fortdauernde Lärmbelästigung ist nicht förderlich für den sozialen Kontakt - oder anders: Man macht sich extrem unbeliebt mit einem ständig kläffenden Hund. Kurt Tucholskys Ausspruch: „Der eigene Hund macht keinen Lärm, der bellt nur", hilft da auch nicht weiter.

Rein rechtlich ist Hundegebell eine Lärmimmission und hat - besonders in den Ruhezeiten (13.00 - 15.00 und 22.00 - 7.00 Uhr) - zu unterbleiben. Schade, dass Hunde im Umgang mit Uhren so ungeübt sind. Es ist schon verblüffend, wie genau die zeitlichen Vorgaben deutscher Gerichte

Kein Bellen
über 50 Dezibell
13.00 - 14.30
nd 21.45 - 7.45

zum Thema Bellen sind: höchstens 10 min am Stück, täglich maximal 30 min, in Ruhezeiten nur ausnahmsweise kurzes Bellen (z.B. Begrüßung). Man könnte meinen, hier wird juristischerseits ein Ein-Aus-Schalter vermutet, mit dem das Tier zu regulieren ist.

Aber es sind natürlich auch die Nachbarn zu verstehen. Das ständige Tragen von Ohrenschützern empfinden viele zu Recht nicht als modische Bereicherung.

Also, was tun?

Ich muss es schon wieder sagen: Es gibt keine Rezepte, die für alle Fälle gelten. Wichtig ist erst einmal, eine Antwort auf die Frage zu finden: Warum bellt mein Hund eigentlich? Ist es Aufmerksamkeitswunsch, Animation zum Spiel, Bewacherinstinkt, Warnung, Drohung, Aufregung, Stress, Angst, Einsamkeit oder, oder, oder. Und je nach dem, um was für eine Art des Bellens es sich handelt, entsteht mehr oder weniger Handlungsbedarf. Wenn Sie von Ihrem Hund auf der Wiese hüpfend und bellend zum gemeinsamen Spiel eingeladen werden, ist das wohl kaum der Anlass für pädagogische Maßnahmen.

In vielen Fällen genügt schon betont ruhiges und gelassenes Verhalten, um z.B. dem Aufregungsbellen seine Grundlage zu entziehen. Überhaupt ist Ihr eigenes Verhalten, auch beim Bellen, eine entscheidende Orientierung für Ihren Hund. Auch wenn es bei Weitem nicht bei allen Hunden territoriales Verteidigungs- verhalten verhindert, wenn Besucher in der Regel für Sie eine erfreuliche Überraschung sind, wenn Sie freundlich und offen mit Fremden umgehen und wenn Sie sich selbst mit solchen zwielichtigen Gestalten wie Briefträgern gut ver- stehen - das färbt auf Ihren Hund ab.

Dann gibt es die Möglichkeit das Kom- mando „Still" einzuführen. Das lässt sich am Besten über den zunächst unlogisch erscheinenden Umweg „Gib Laut" er- reichen. Der Ablauf der Übung ist in Kurzform in etwa wie folgt: Zum Bellen animieren - mit dem Kommando „Gib Laut" verbinden - der Hund bellt - super - loben und streicheln. Dann Kommando „Still" - Schnauze zuhalten - Stille - loben und Lecker- chen. Die Ganze öfter mal wiederholen und jeweils 4 - 5 mal hintereinander. Je nach Auffassungsgabe (oder gutem Willen) Ihres Hundes, müsste es bald sitzen. Dann kann man „Still" auch einsetzen, wenn der Hund von alleine bellt.

Jetzt zum Schwierigsten, dem Einsamkeits- und Langeweilebellen. Deswegen am schwierigsten, weil man nicht da ist und so nicht eingreifen kann - mit andern Worten: eigentlich unmöglich.

Man kommt also nicht umhin, doch da zu sein. Das geht so. Man verlässt die Wohnung. Nach einer Weile bellt der Hund. Aber nicht durchgehend. Immer, wenn er gerade nicht bellt, kommt man als fröhlicher Überraschungsbesuch. Der Lerneffekt soll sein: Belle ich, kommt keiner, belle ich nicht, kommt jemand - wenigstens ab und zu.

Das Ganze ist äußerst mühselig und mit zweifelhaften Erfolgsaussichten. Das Beste wäre, Sie versuchen, die Betreuung des Vierbeiners auf längere Sicht anders zu gestalten.

Ein Hund ist nicht zum Alleinsein gemacht. Wenn Sie ihn nicht mitnehmen können, zur Arbeit oder was Sie sonst von zu Hause fernhält, dann versuchen Sie doch Gassigänger zu organisieren oder geben Sie ihn zu Besuch zu Bekannten oder Freunden.

Vielleicht wären ja die genervten Nachbarn exakt die richtigen Ansprechpartner - die sollten ja an sich ein lebhaftes Interesse daran haben, Ihren Hund vom Dauerbellen abzuhalten ...

No-Bell-Preis
2014

In Anerkennung für
herausragende Leistungen
im Dienste der akustischen
Schonung der Umwelt

NACHWORT

Ach, nun ist auch dieses Buch schon wieder zu Ende. Und, ist diesmal alles gesagt? Auf keinen Fall!

Nicht, dass ich vorhabe, den Rest meines Lebens mit dem Schreiben und Bebildern von Hundebüchern zuzubringen, doch das Thema Hund ist eben nicht nur schier unerschöpflich, sondern auch äußerst interessant. So wird bestimmt in dieser Richtung noch etwas kommen.

Geplant ist allerdings auch ein Buch über Katzen, deren Erziehung sich zwar eher schwierig gestaltet, denn man kann Katzen eigentlich gar nicht erziehen. Oder man will es auch nicht, denn selbst schlecht erzogene Katzen haben weder die Angewohnheit anhaltend zu kläffen, noch fallen sie über Briefträger her.

Andererseits würde man ihnen schon in verschiedenen Punkten mitbewohnertaugliches Verhalten näherbringen ... in netter Form natürlich und ohne der Katze das zu nehmen, was die Katzenliebhaber besonders an ihr schätzen: ihre Eigenart, ihre Eigenständigkeit und vielleicht ein wenig ihren Eigensinn - auf jeden Fall irgendwas mit Eigen.

Dann hatte ich noch an ein Buch über Vögel gedacht oder auch über Kleintiere wie Hamster oder Meerschweinchen ... das steht aber noch alles in den Sternen, eins nach dem anderen.

Dies ist nämlich nach wie vor ein Hundebuch - wenn auch auf der letzten Seite. Ich hoffe, es hat Ihnen gefallen, das ein oder andere - was Sie sich sowieso schon gedacht haben - wurde bestätigt und vielleicht war ja auch etwas Neues und Interessantes dabei. In diesem Sinne, Tschüss bis zum nächsten Buch.

* Heißt wahrscheinlich
so etwas wie „Hallo" oder „Was geht ab?", vielleicht aber doch nur „ÝØ¶%¥µÐ".